超简单

北欧剪纸旋转吊饰

剪出亲子共享的欢乐时光与节日气氛

曹健男◎著

河南科学技术出版社
·郑州·

前言

以北欧风格为主题制作的旋转吊饰，是充满童趣的疗愈系作品，只用纸、剪刀、线就可以完成。

以最简单的材料及制作方法，轻轻松松就能改变室内气氛，营造亲子共享的欢乐时光。摇摆旋转、色彩缤纷的吊饰，让人倍感温馨，不知不觉就开心起来。

作者简介

曹健男，从事视觉设计多年，现为自由设计工作者。著有《蓝布印花传统文样 250》《中国经典纹样 1000》《240 种召唤幸运的中国祈福剪纸》。

目录
CONTENTS

本书的使用方法

决定想制作的作品后，先阅读制作方法，再用书后的彩色纸样制作（49～112 页），在书页内侧有虚线，沿虚线剪下即可制作。

如果想使用不同颜色的纸来制作，或是制作更多的旋转吊饰，可将复写纸夹在实物纸样和彩纸中间，再用较硬的笔在实物纸样上描图，就可以将图案描在彩纸上，再进行制作。

※ 本书制作方法页面中所标示的图片大小与线之长短，并非等比例图示，仅供参考用。实际的图片大小请参考纸样，线的实际长度请参考制作方法页面上的数字标记。

将线粘贴在纸上

将要连接的纸样剪下，在平坦的地方摆好，取适量的手工艺白胶，挤在要连接的位置，剪下适当长度的线，以牙签尖端将线在白胶内放好，静置阴干即可。

建议先将同一组的物件用白胶组合起来，再依序粘贴。

穿线吊挂的方式

在物件上方做出一个小圆孔，将打好结的线如图穿过圆孔，再穿过线的另一端，拉紧即可吊挂。

如果没有孔，也可以用白胶粘上。

纸张裁切注意事项

1. 裁切的顺序为由内而外，由小到大，由于纸张的纤维强度的关系，先由小的孔开始切割，比较不容易扯破纸张，并且像写字一样，顺着手势的方向进行切割。
2. 剪曲线的时候移动纸张，而不是移动剪刀，剪出来的曲线会比较顺，比较漂亮。

准备工具

纸张

由于是制作旋转吊饰，纸张要选择厚一点的才行，不然悬挂时容易变形，以定量为150～200克/米^{2}的纸张为主，一般名片的厚度就可以了。

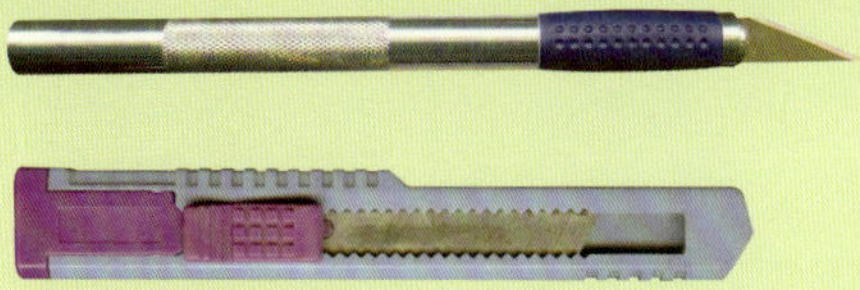

刀子

美工刀及笔刀，处理细部线条时，可以依照个人使用习惯选择，但需注意保持刀片的锋利，定期更换刀片。

切割时需要顺着手的方向，以由上往下、由内往外的方式进行，以防损坏纸张。

手工艺白胶

用来粘贴线和纸张，或在纸与纸粘贴时使用，因为干了之后是透明的，而且比胶水黏，所以比较适合。

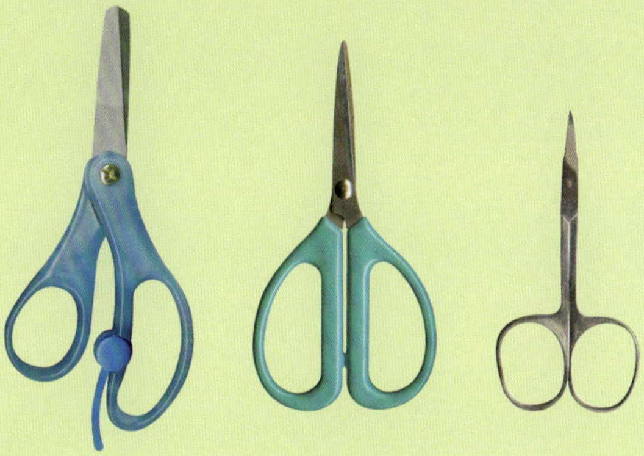

剪刀

可选择一把中等大小的剪刀，用来剪出轮廓及比较大的孔洞。

切割垫

如果用刀子切割，则需要使用切割垫，以防将桌面割坏。

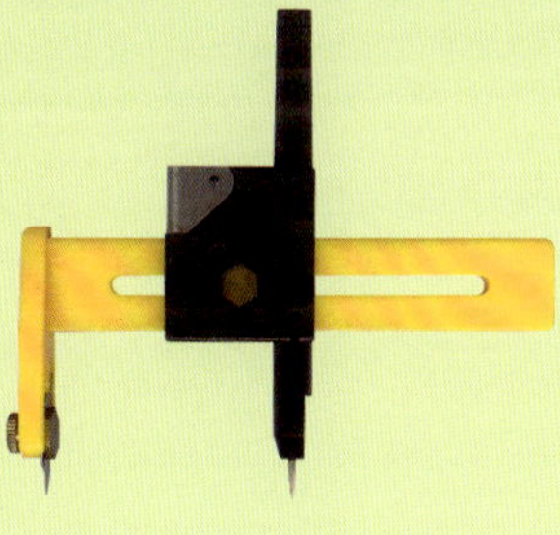

圆规刀

用来裁切出漂亮的圆形，使用方便。

线

可以选择使用白色的线，也可以选择与吊饰的颜色相搭配的线，不宜太粗，使用家中的缝衣线即可。

01 春之花环

春天是花开的季节，小鸟及蝴蝶在花丛中穿梭，用漂亮的剪纸编成花环，感受春天的美好。

制作方法

纸样在 49 ~ 52 页

主要材料

方形顶座（草绿色）
小鸟（灰色、蓝色、红色、黑色）
花朵（白色）
花环（深绿色、浅绿色、紫色、黄色、白色、红色、桃红色、蓝色）
线少许

制作顺序

1. 将纸样以刀子沿轮廓线割下，外形可用剪刀剪裁。
2. 将小鸟的眼睛、翅膀贴在小鸟的身体上。
3. 组合花环，依照图示位置及颜色，将花环用的花、叶以白胶贴在⑤上，等到完全干了之后，再贴背面的。
4. 将花环上的花、叶折出立体状，看起来更美丽。
5. 如图示，以白胶及线将花朵、小鸟连接在方形顶座上。
6. 等到干了之后将方形顶座依虚线折起，并将①以白胶贴在②的位置。
7. 将线穿过方形顶座的4个孔（图示中的③），打结固定为吊挂的主线。
8. 结合方形顶座及花环，以线固定花环，另一端绑在④上固定。

02 热气球之夏

天空飞翔的海鸥，跟着气旋缓慢旋转的热气球，飘过天空的云朵……夏天的序幕正在拉开。

制作方法

纸样在 53～56 页

主要材料

螺旋（天蓝色）
海鸥（白色、粉蓝色、黄色、黑色）
云朵（白色）
热气球（绿色、橘色、黄色、蓝色、
白色、红色）
线少许

制作顺序

1. 将纸样以刀子沿轮廓线割下，外形可用剪刀剪裁。
2. 将海鸥的眼睛、嘴巴、翅膀贴在海鸥的身体上。
3. 组合热气球，依图示位置及颜色，以白胶固定。
4. 用线将物件的一端以白胶连接。
5. 等白胶干了之后，依照图示的位置，将螺旋跟其他物件以白胶、线连接。
6. 将线穿过螺旋最上方的孔，以白胶固定，干后即可悬挂。

螺旋

此为螺旋底部线条粘贴位置。

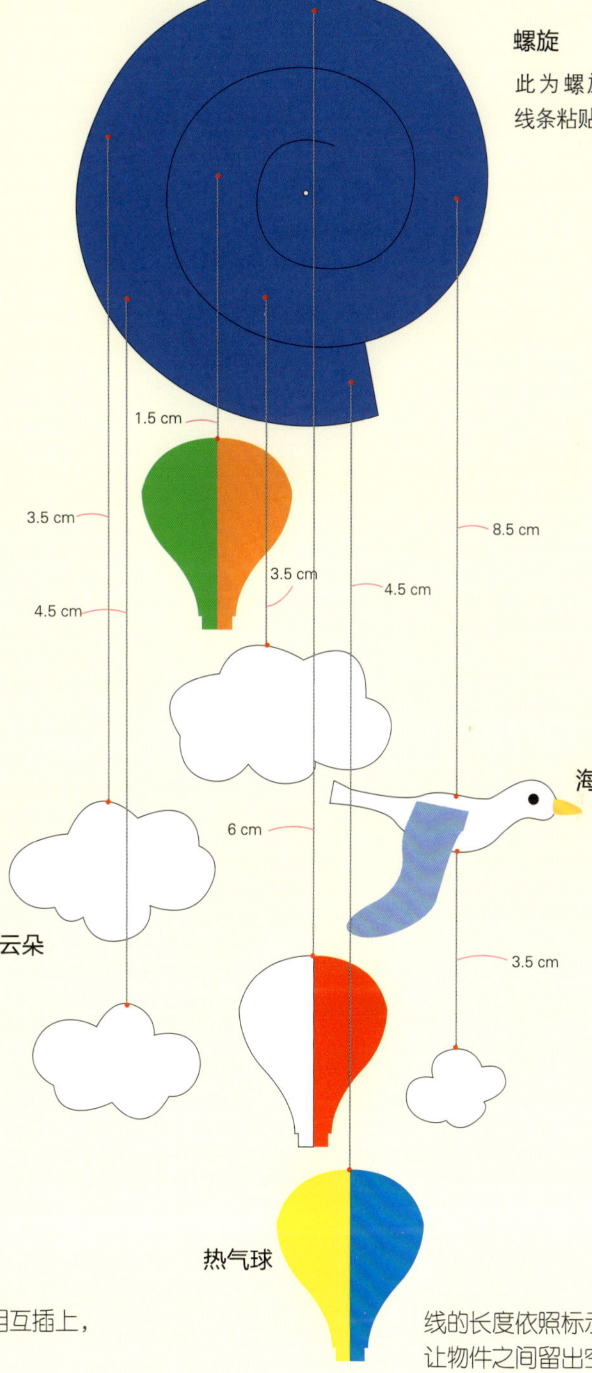

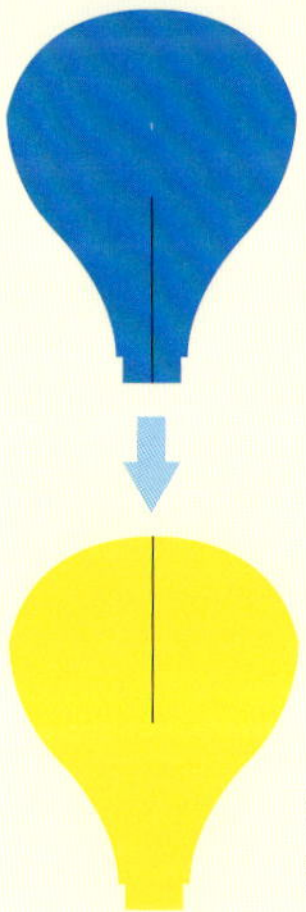

热气球制作

热气球按一上一下切割的位置相互插上，以白胶固定。

线的长度依照标示尺寸，让物件之间留出空间。

03 秋季的松鼠

秋天是个丰收的季节，飘落的火红枫叶如诗如画，松鼠忙着储存橡树的果实，准备过冬。

制作方法

纸样在 55 ~ 58 页

主要材料

松鼠（红色）
枫叶、橡实（暗红色）
圆圈（橘色）
橡实花（蓝色）
线少许

制作顺序

1. 将纸样以刀子沿轮廓线割下，外形可用剪刀剪裁。
2. 将橡实组合，中间以白胶粘贴，并将线一起粘贴固定。
3. 将橡实花及圆圈、橡实用白胶以线串联起来。
4. 将枫叶以白胶固定在松鼠的四周，可将枫叶折得更立体。
5. 将下方的枫叶以线及白胶固定。
6. 等干后再将松鼠、橡实及枫叶用线及白胶组合。
7. 在松鼠上方的圆孔中穿过适当长度的线即可吊挂。

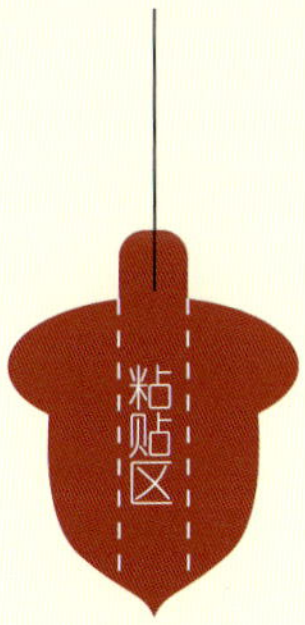

橡实制作

将橡实折成立体状，把两片纸的粘贴区以白胶固定，可将线也一起贴在粘贴区中。

04 北欧之冬

在圣诞节来临的时候，缤纷的色彩让北欧的冬天热闹起来，充满了欢乐的气氛。

制作方法

纸样在 59～62 页

主要材料

枞树（蓝紫色）
爱心、麋鹿、雪人的帽子（红色）
橡实（暗红色）
雪人、绵羊（白色）
杯子（草绿色）
圆圈（橘色、绿色、蓝色、红色、白色）
线少许

制作顺序

1. 将纸样以刀子沿轮廓线割下，外形可用剪刀剪裁，圆形可用圆规刀，裁出来的圆会更漂亮。
2. 将枞树与爱心、圆圈用线及白胶固定。
3. 将雪人的帽子的两张红纸，以一前一后的方式粘贴。
4. 将杯子与圆圈用线及白胶固定，注意粘贴的角度及位置，以免干燥后歪斜。
5. 将绵羊与圆圈用线及白胶固定。
6. 将橡实与圆圈用线及白胶固定。
7. 等到以上物件干燥之后，用线及白胶组合串联。
8. 在枞树及绵羊上方，穿过适当长度的线即可吊挂。

05 复活节

每年春分月圆后的第一个星期日是复活节，大人们对孩子们说复活节彩蛋是兔子生下的，大人们把彩蛋藏在花园里，让孩子们玩找彩蛋的游戏。

制作方法

纸样在 63～64 页

主要材料

大蝴蝶结（桃红色或红色）
小蝴蝶结（黑色或深咖啡色）
兔子（暗红色或红色）
小彩蛋（紫色、白色、土黄色、草绿色、淡黄色）
大彩蛋（蓝色、紫色、茶褐色）
竹篮（紫色）
线少许

制作顺序

1. 将纸样以刀子沿轮廓线割下，外形可用剪刀剪裁。
2. 将大蝴蝶结用线及白胶固定在竹篮的两面。
3. 将小彩蛋用线及白胶固定在竹篮上。
4. 将兔子以线及白胶固定在竹篮上。
5. 将小蝴蝶结粘贴在三颗大彩蛋的两面。
6. 将竹篮与大彩蛋用线及白胶固定组合。
7. 在竹篮上方穿过适当长度的线，完成。

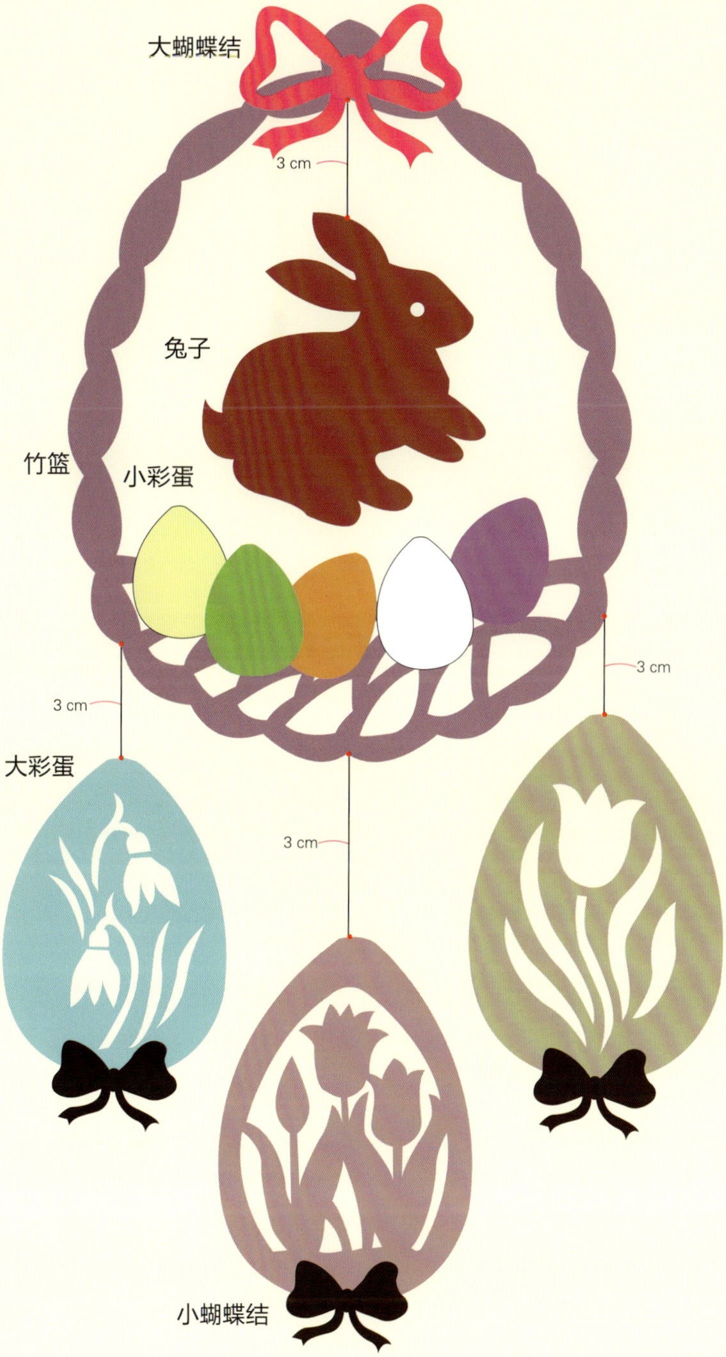

06 万圣节

每年十一月一日是西方的鬼节——万圣节，相传这是鬼怪世界最接近人间的时候，南瓜灯、鬼魂、女巫、蝙蝠、黑猫、精灵、僵尸、骷髅和恶魔等纷纷出动，让人又爱又怕。

制作方法

纸样在 65～66 页

主要材料

月亮、星星（红色）
小精灵、十字架（白色）
大南瓜、中南瓜（橘色）
猫、大蝙蝠、小蝙蝠、小南瓜、
棺材、巫婆、古堡（黑色）
线少许

制作顺序

1. 将纸样以刀子沿轮廓线割下，外形可用剪刀剪裁。
2. 将猫的脚用白胶粘贴，固定在月亮上面。
3. 依照右边图示，由上而下依序用线及白胶固定。
4. 待白胶干了之后，在月亮上方粘贴适当长度的线即可吊挂。

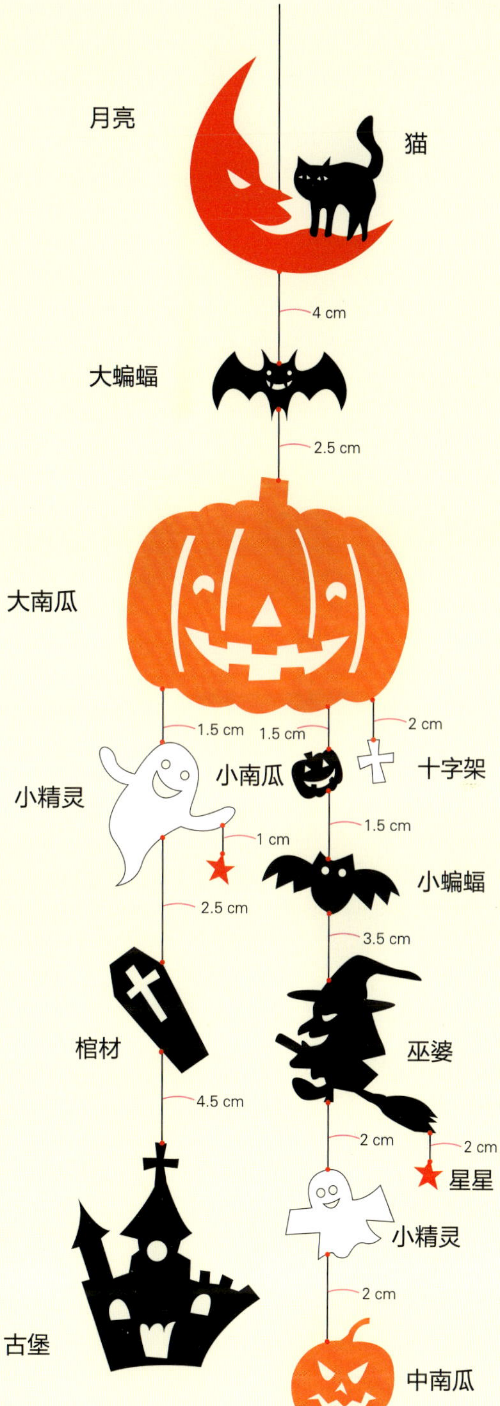

07 圣诞节

色彩鲜艳的圣诞装饰，渲染了过节气氛，让我们一起欢度温馨快乐的圣诞节吧！

制作方法

纸样在 67 ~ 70 页

主要材料

槲寄生（红色、绿色）
圆圈（红色、绿色）
圣诞树（绿色、草绿色）
圣诞彩球（草绿色、橘色、桃红色、蓝色、黑色）
星星（黄色）
心形（绿色）
男生、女生（红色）
线少许

制作顺序

1. 将纸样以刀子沿轮廓线割下，外形可用剪刀剪裁。
2. 将槲寄生上的红点用白胶固定在叶子上。
3. 将圣诞树组合，以白胶固定在圆圈上方。
4. 将男生、女生及心形以白胶粘贴在圆圈下方位置，男生、女生的位置，一个粘在红色圆圈上，一个粘在绿色圆圈上。
5. 将黑色菱形用线贴在圣诞彩球挖洞处，共有4个彩球，请逐一完成。
6. 待圣诞彩球干了之后，再用白胶和线，一边一个固定在红色、绿色圆圈的下方。
7. 将两片槲寄生以错开的方式，以白胶包住线条，再贴到圆圈的上方。
8. 折圆圈，使圆圈的外圈与内圈成90°，并将红色及绿色的外圈，以白胶将中心粘起来。
9. 等到完全干后即可吊挂。

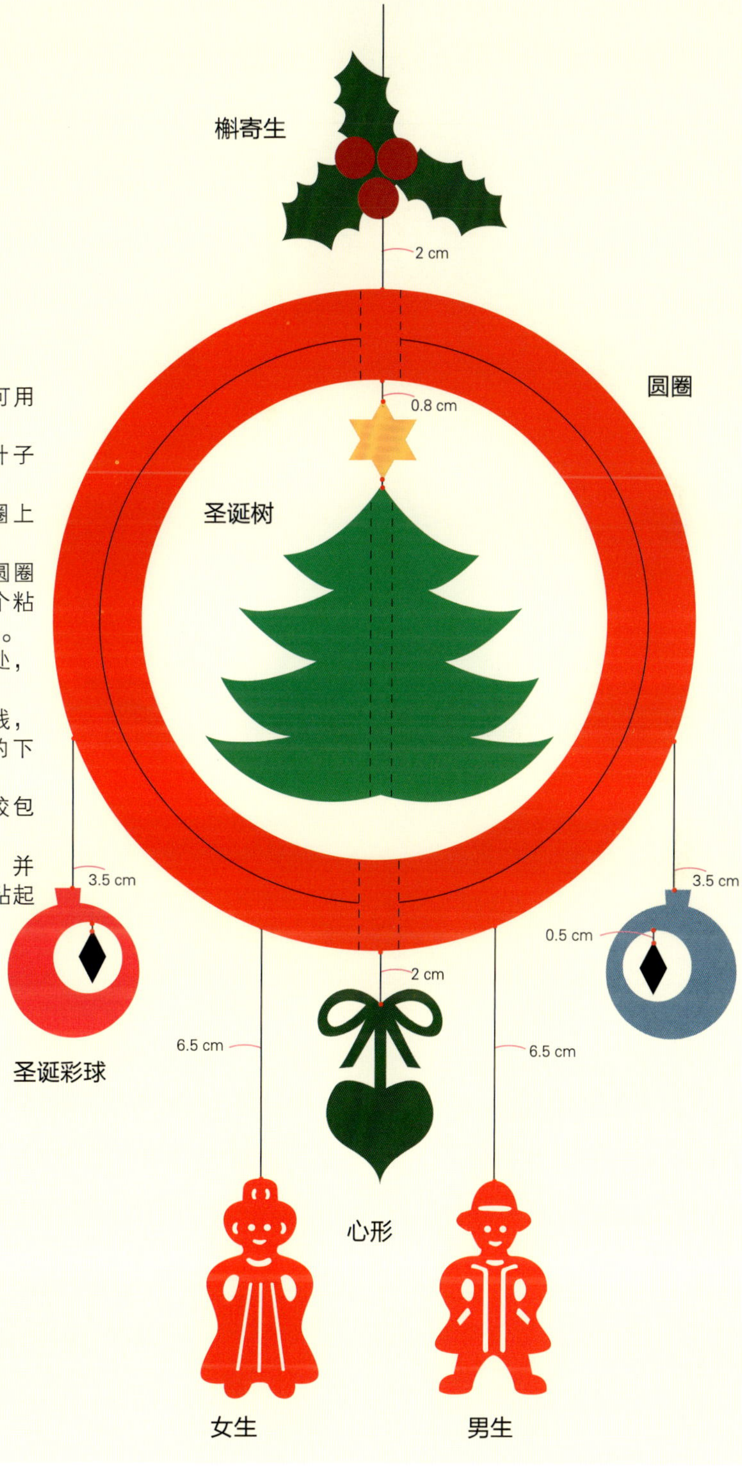

圣诞树制作

折圣诞树的左右两部分，使其互相垂直，将绿色、草绿色的粘贴区以白胶固定，可将线也一起贴在粘贴区中，再将星星用白胶贴在线上。

08 小天使

在平安夜，烛光柔和，充满安详气氛，天使们唱着诗歌报佳音，庆祝耶稣的降生。

制作方法

纸样在 71 ~ 74 页

主要材料

花环（粉红色）
圆点（红色、橘色）
蜡烛（绿色）
圣诞铃（橘色）
小天使（蓝色）
星星（白色、黄色）
线少许

制作顺序

1. 将纸样沿轮廓线割下，外形可用剪刀剪裁。
2. 将圆点沾白胶，如图示固定在花环的两面。
3. 将蜡烛用线及白胶固定在花环中。
4. 把星星以白胶粘贴在小天使的身上。
5. 将小天使及圣诞铃用白胶及线固定在花环上。
6. 待白胶干了之后，在花环上方，粘贴适当长度的线即可悬挂。

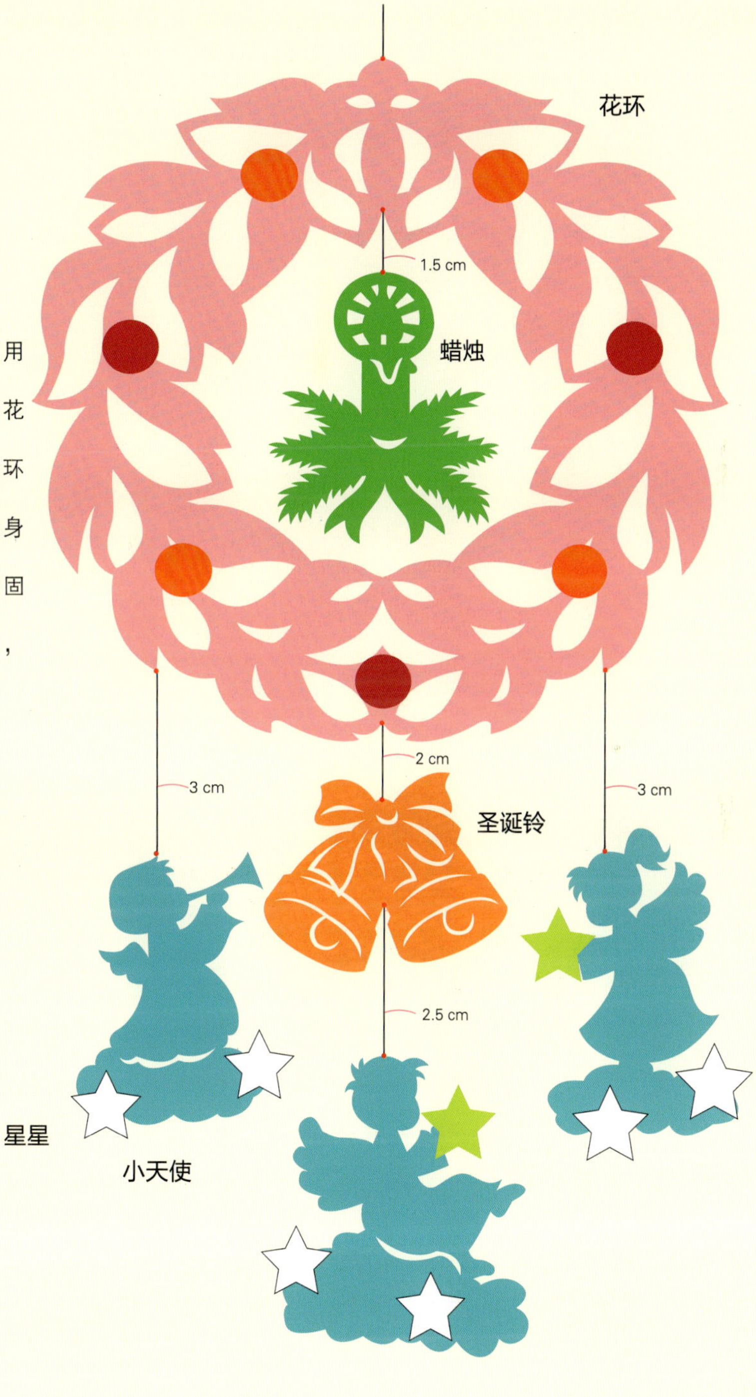

09 达拉木马

达拉木马是瑞典的符号和象征，瑞典人民认为它是天神骑过的神秘之兽，瑞典制作达拉木马的传统手工艺仍保留至今。

制作方法

纸样在 75～76 页

主要材料

雪花（白色）
木马（红色、蓝色、白色、黄色、绿色）
彩球（橘色、黄色、深绿色、草绿色）
木棍
线少许

制作顺序

1. 将纸样沿轮廓线割下，外形可用剪刀剪裁。
2. 将木马身上的图案，依右边图示排列，以白胶粘贴在木马身上。
3. 将彩球粘贴好并做成立体状。
4. 将雪花、木马及彩球按图示排列，以线及白胶固定。
5. 将完成的吊饰绑在木棍上，中心再绑上线，完成。

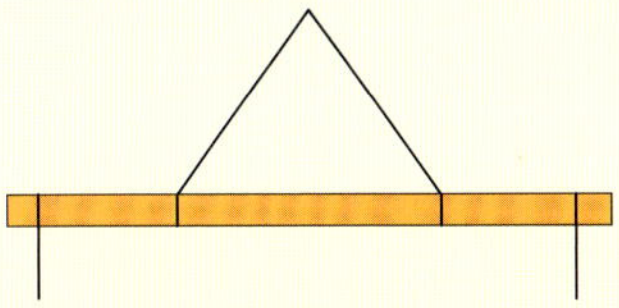

木棍固定方式
若吊饰不易平衡，可以用两条线固定，较为稳固。

彩球制作
折彩球的左右两部分，使其相互垂直，将两片纸的粘贴区以白胶固定，将线由上方的孔中穿过，加以固定。

10 娃娃兵

精神抖擞的娃娃兵在哨亭站岗，街道上随处可见的巴士及充满欧式童话风格的屋子，典雅又有趣。

制作方法

纸样在 77 ~ 80 页

主要材料

房子（咖啡色或暗红色、蓝灰色或天蓝色、白色、黑色）
娃娃兵（红色、白色、黄色、黑色）
巴士（红色、黑色）
哨亭（黑色）
木棍
线少许

制作顺序

1. 将纸样以刀子沿轮廓线割下，外形可用剪刀剪裁。
2. 组合房子，用白胶粘贴固定屋顶、窗户及门，两面都需粘贴。
3. 组合娃娃兵，用白胶固定帽子、服饰，两面都需粘贴。
4. 组合巴士，用白胶固定保险杆、轮胎，两面都需粘贴。
5. 将吊饰如图示用线及白胶固定在木棍上，完成。

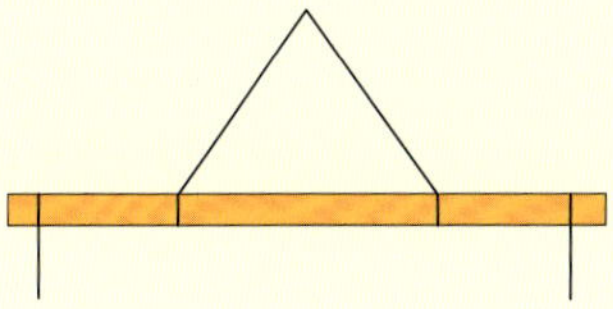

木棍固定方式
若吊饰不易平衡，可以用两条线固定，较为稳固。

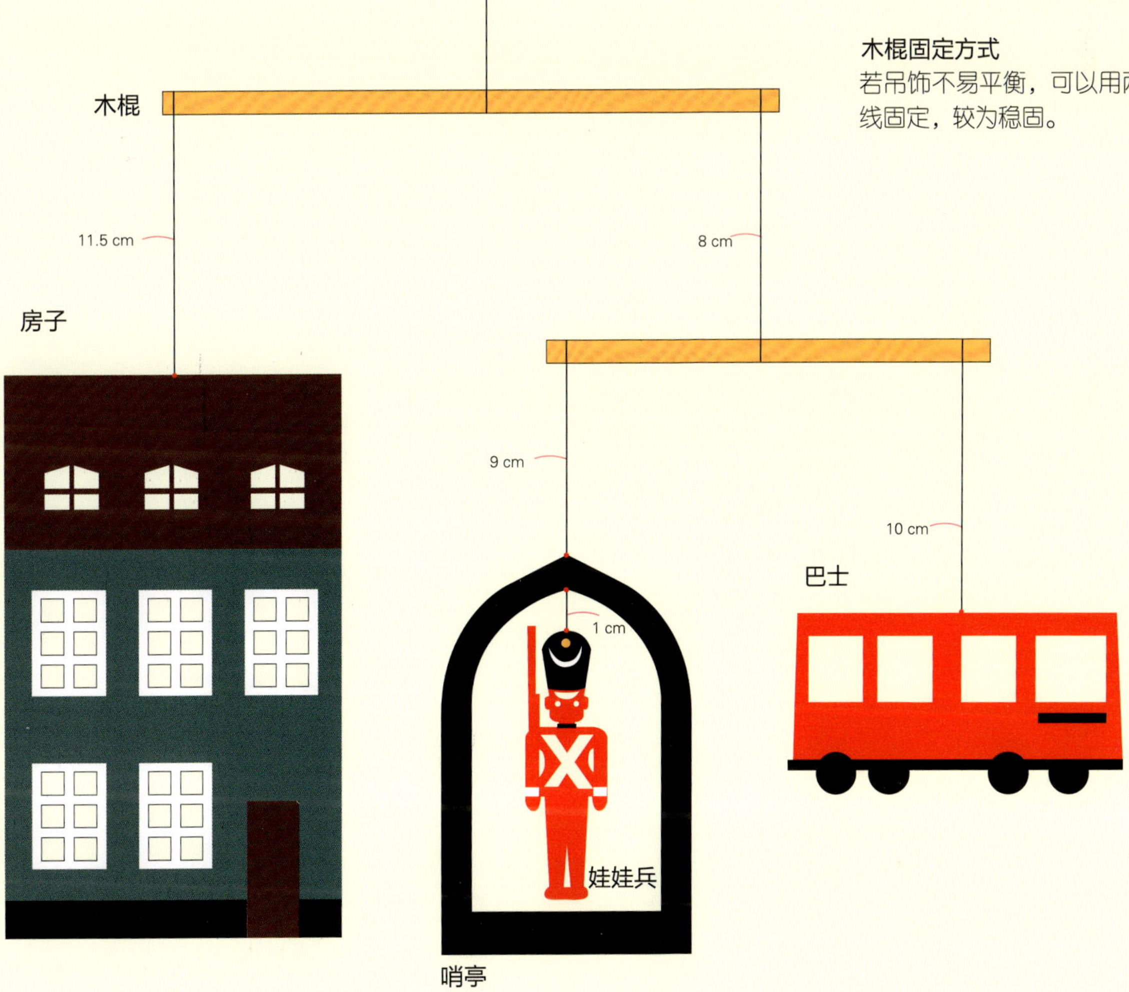

11 刺猬与蘑菇

秋天，童话般的北欧森林中，小刺猬正采着蘑菇，为度过寒冷的冬天做准备。

制作方法

纸样在 81 ~ 82 页

主要材料

大、小蘑菇（白色、红色）
树叶（绿色）
刺猬（米黄色、粉红色、红色）
线少许

制作顺序

1. 将纸样沿轮廓线割下，外形可用剪刀剪裁。
2. 将蘑菇的红、白圆点用白胶固定在前后两面上。
3. 将一片树叶用白胶固定在大蘑菇上。
4. 将小蘑菇组合后，贴在刺猬的手上。
5. 将刺猬的刺折上来，看起来会更立体。
6. 依照图示，用白胶及线连接各物件。
7. 待白胶干了之后，在大蘑菇上方，粘贴适当长度的线即可。

12 森林

森林中的苹果树用爱心照顾着森林中的每一个成员，小鸟也开心地在树上玩耍。

制作方法

纸样在 83 ~ 86 页

主要材料

树（绿色、红色）
小鸟（蓝色、紫红色、蓝紫色、玫红色）
苹果（嫩绿色、红色）
爱心（红色、白色）
线少许

制作顺序

1. 将纸样以刀子沿轮廓线割下，外形可用剪刀剪裁。
2. 将红花以白胶、线固定在树上。
3. 将小鸟与花组合，用白胶、线固定。
4. 依虚线将苹果左右两部分折成90°，将红心以白胶和线夹在中心固定，再以白胶贴合。
5. 依照虚线将爱心左右两部分折成90°，中心夹上线，再以白胶贴合。
6. 依图示以白胶、线粘贴，上方预留适当长度的线用来悬挂。

苹果及爱心制作
将苹果及爱心的左右两部分折成90°，将两片纸的粘贴区以白胶固定，可将线也一起贴在粘贴区中。

13 小精灵与幸运草

小精灵在四叶幸运草上游戏，在空中不停地飞翔，
有任何愿望他们都可以帮你实现哦！

制作方法

纸样在 85～88 页

主要材料

大幸运草（白色）
小精灵（蓝色、桃红色）
小幸运草（草绿色、绿色）
彩球（黄色、蓝色、红色）
圆形（橘色）
线少许

制作顺序

1. 将纸样以刀子沿轮廓线割下，外形可用剪刀剪裁。
2. 将圆形及彩球用线串联组合，以白胶粘贴固定。
3. 将小幸运草两面的中心粘贴绿色圆点。
4. 以白胶和线组合小精灵与小幸运草。
5. 在白色的大幸运草中心穿过彩球的线，以白胶贴上，上方预留适当长度的线用来悬挂。
6. 把上方的小幸运草以白胶贴在大幸运草上。

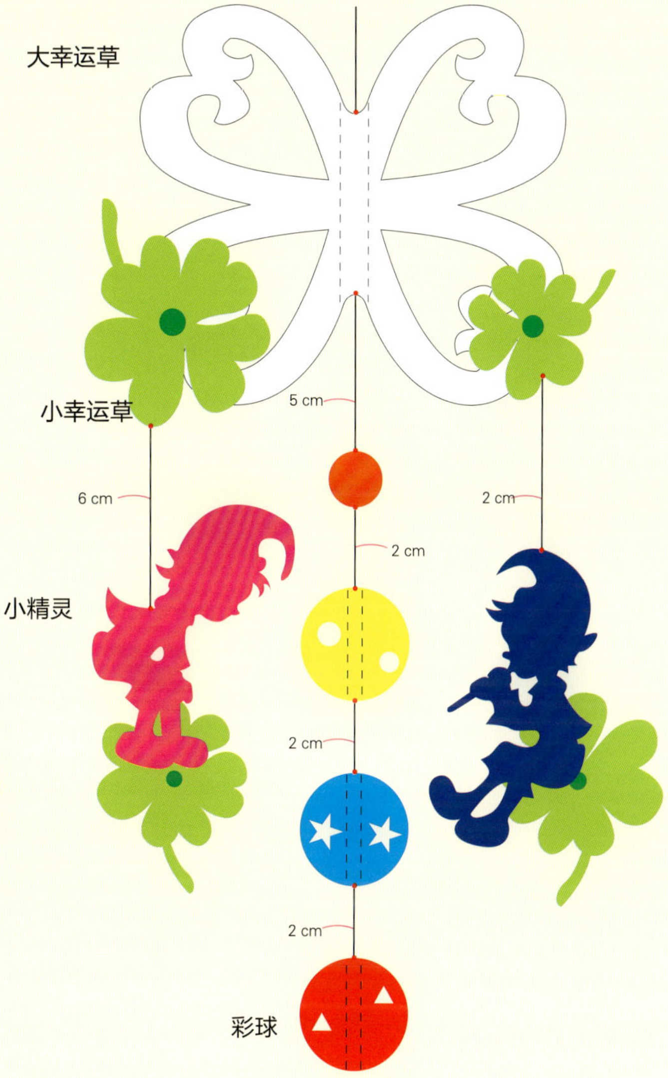

另外一面小精灵与小幸运草的粘贴方式。

彩球制作
将彩球的左右两部分折成90°，将两片纸的粘贴区以白胶固定，可将线也一起贴在粘贴区中。

14 俄罗斯娃娃

圆滚滚的俄罗斯娃娃，在俄罗斯城堡的衬托下，更有异国情调。

制作方法

纸样在 89 ~ 94 页

主要材料

城堡（紫红色）
花朵（白色、粉红色、桃红色、蓝灰色、蓝色、绿色）
俄罗斯娃娃（红色、草绿色、蓝色、天蓝色、咖啡色、绿色、橘色、黄色、粉红色、白色、黑色）
线少许

制作顺序

1. 将纸样以刀子沿轮廓线割下，外形可用剪刀剪裁。
2. 将俄罗斯娃娃依图排列，以白胶粘贴。
3. 将花朵两面依图示排列，以白胶粘贴。
4. 以线串联各物件及上方的城堡。
5. 待白胶干了之后，在城堡上方粘贴适当长度的线即可悬挂。

花朵的制作

仅中心以白胶粘贴，粉红色的花瓣四周向上卷起，更有立体感。

俄罗斯娃娃背面

背面依照图示以白胶粘贴。

15 北欧厨房

北欧的厨房给人一种自然、健康的印象，新鲜的蔬果，精美的厨具，都是不可缺少的部分。

制作方法

纸样在 95～96 页

主要材料

架子（咖啡色或紫红色）
爱心（红色、桃红色、黄色、橘色、绿色、嫩绿色、蓝色、天蓝色）
苹果（粉红色、嫩绿色）
柠檬（黄色）
刀子（橘色）
锅（蓝色）
番茄（红色、绿色）
朝鲜蓟（墨绿色）
豌豆（绿色）
蘑菇（白色）
勺子（深咖啡色或蓝紫色）
柳橙（橘色、黄色）
搅拌器（蓝色或黑色）
酪梨（绿色）
线少许

制作顺序

1. 将纸样以刀子沿轮廓线割下，外形可用剪刀剪裁。
2. 将苹果、番茄、柳橙用白胶组合。
3. 将爱心用白胶、线组合成立体状。
4. 依照下边图示，将4道挂饰依序用线及白胶固定。
5. 将4道挂饰贴在架子上，注意物品之间的间隔。
6. 待白胶干了之后，将架子的①以白胶贴在②的位置。以适当长度的线穿过架子上的四个孔即可悬挂。

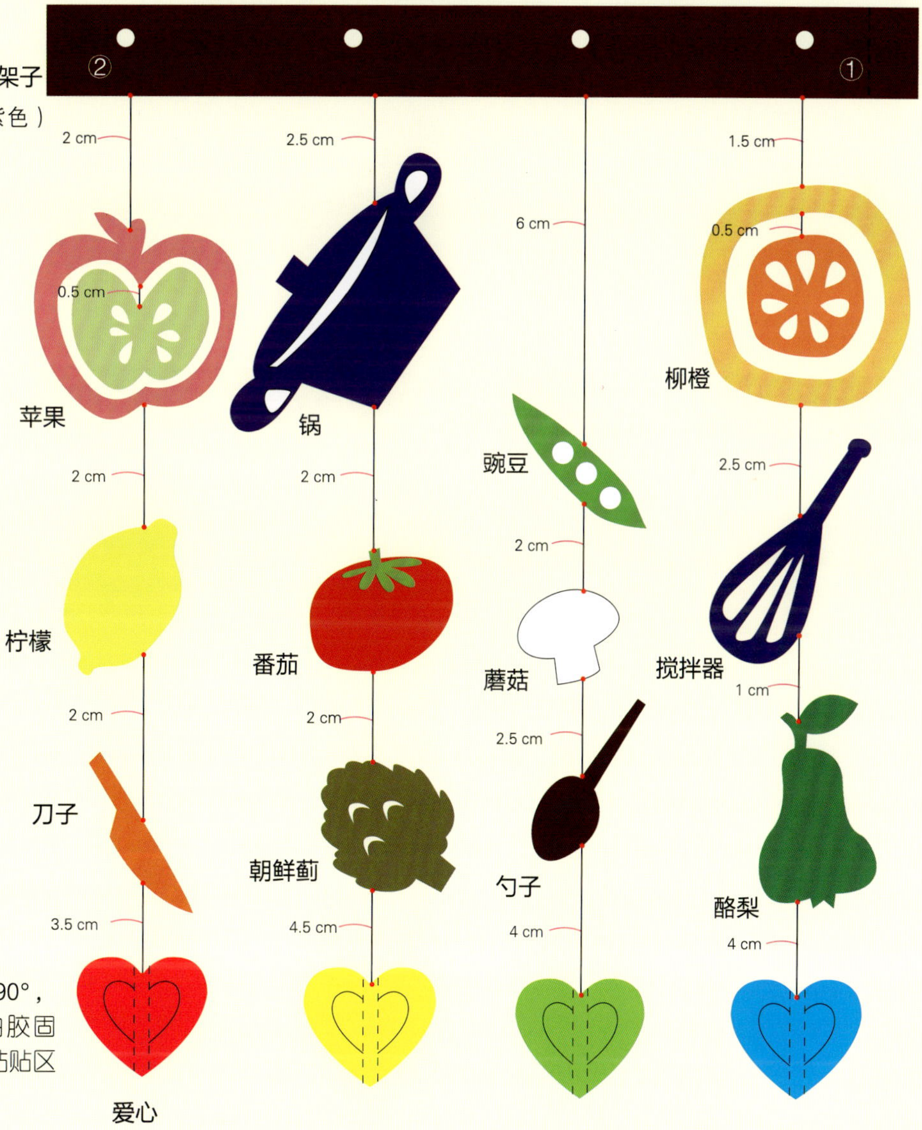

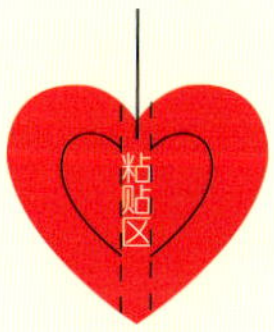

爱心制作

将爱心左右两部分折成90°，将两片纸的粘贴区以白胶固定，可将线也一起贴在粘贴区中。

16 下午茶

在欢乐悠闲的气氛中，小动物们在享受着下午茶，一起参加他们的聚会吧！

制作方法

纸样在 97～98 页

主要材料

茶壶（黑色或深咖啡色）
茶杯（绿色）
猫头鹰（蓝绿色、黑色）
兔子（嫩绿色、桃红色）
大象（桃红色、天蓝色）
小熊（天蓝色、橘色）
长颈鹿（橘色）
星星（黄色）
线少许

制作顺序

1. 将纸样以刀子沿轮廓线割下，外形可用剪刀剪裁。
2. 将猫头鹰的眼睛用白胶及线固定。
3. 将兔子与小花、大象与星星、小熊与爱心用白胶及线固定。
4. 依照右边图示，依序用线及白胶固定各物件。
5. 待白胶干了之后，在茶壶上方粘贴适当长度的线即可悬挂。

17 旋转木马

华丽的旋转木马，载着童年的梦想飞翔，飞向了大人的世界，但别忘了儿时的纯真。

制作方法

纸样在 99 ~ 100 页

主要材料

花架（白色、红色、橘色、黄色）
圆球（绿色、橘色、天蓝色、红色、黄色）
框架（粉红色、天蓝色、绿色、紫色、白色）
木马（白色、红色、黄色、土黄色）
水滴（绿色、草绿色、红色、粉红色、蓝色、天蓝色）
线少许

制作顺序

1. 将纸样以刀子沿轮廓线割下，外形可用剪刀剪裁。
2. 将花朵用白胶固定在花架上面。
3. 依图示将圆球依序用线及白胶固定在花架和框架上。
4. 将木马及框架依图示贴上花朵及装饰。
5. 组合水滴，以线、白胶固定在框架上。
6. 以线、白胶黏合花架、框架、木马。
7. 待白胶干了之后，在花架上方粘贴适当长度的线即可悬挂。

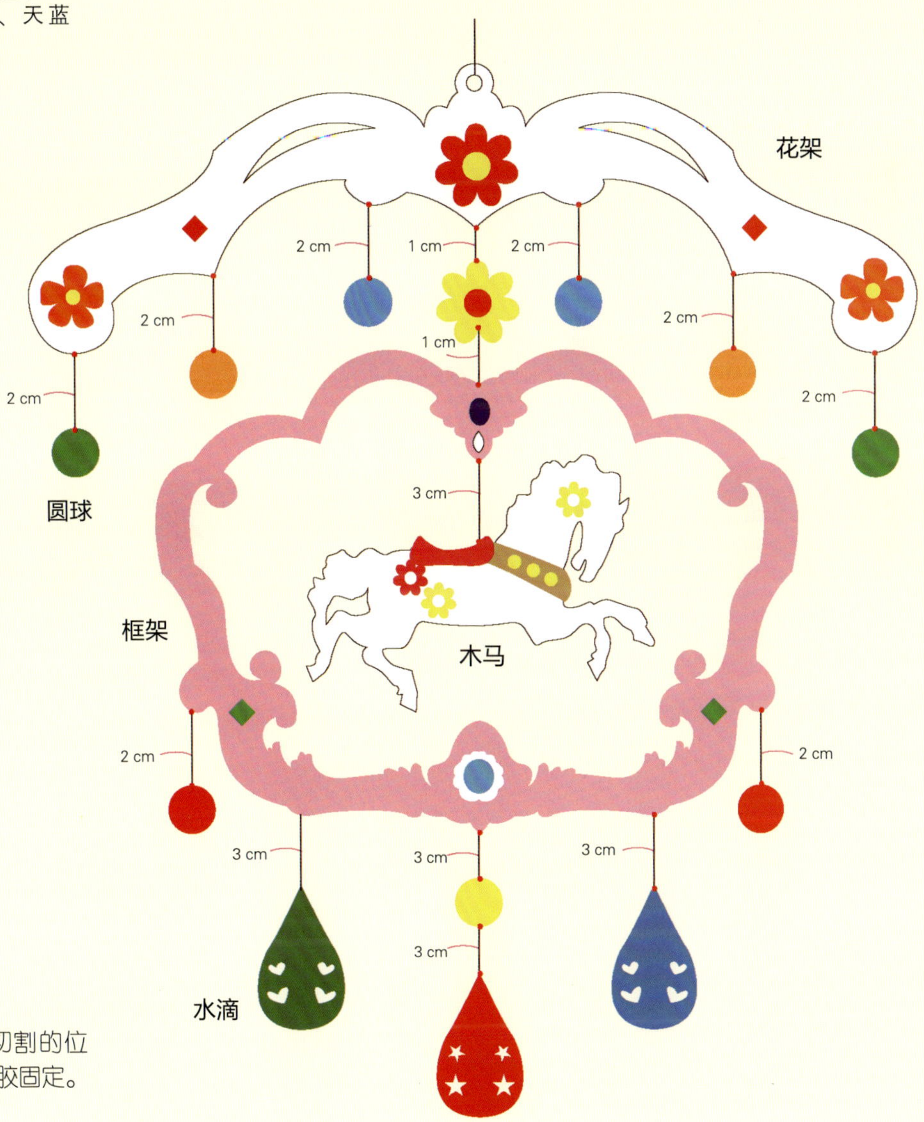

水滴制作

水滴按一上一下切割的位置相互插上，用白胶固定。

18 金丝雀

鸟笼中的金丝雀，在开心地高歌，
歌颂生命的美好，呼唤春天来临。

制作方法

纸样在 101～102 页

主要材料

花冠（橘色、红色、白色）
星星（黄色）
鸟笼（红色）
金丝雀（白色、蓝绿色、黑色）
线少许

制作顺序

1. 将纸样以刀子沿轮廓线割下，外形可用剪刀剪裁。
2. 将花朵用白胶固定在花冠的两面。
3. 将鸟笼依图示方向展开。
4. 将金丝雀的翅膀、腹部及眼睛贴上。
5. 以白胶和线，将星星、鸟笼及金丝雀依图示粘贴。
6. 待白胶干了之后，在花冠上方粘贴适当长度的线即可吊挂。

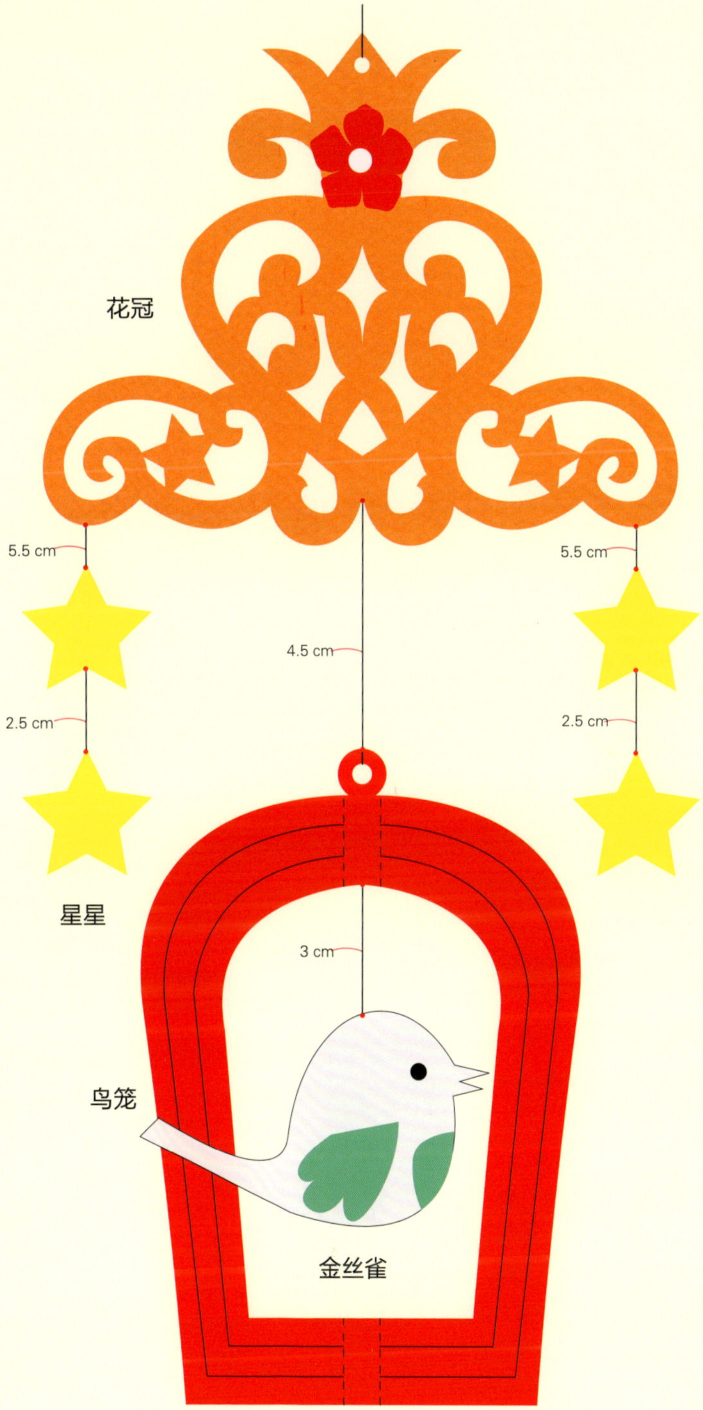

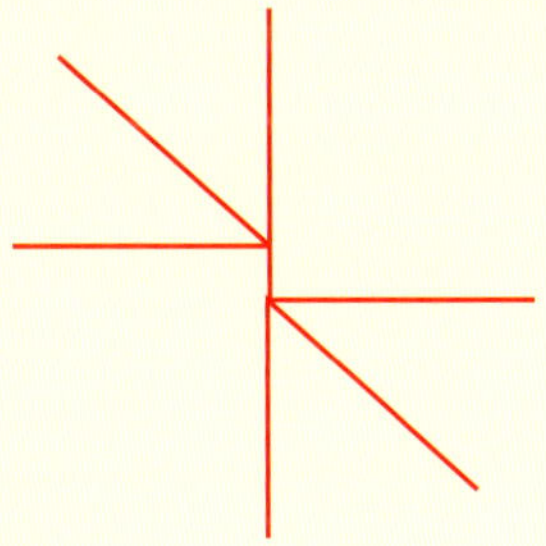

鸟笼制作
将切割下来的鸟笼，依照上图的角度折出立体状。

19 珊瑚礁

珊瑚礁下的小世界，是充满生命力的海底世界。夏日炎热的海边，有着暑假美好的回忆。

制作方法

纸样在 103 ~ 106 页

主要材料

珊瑚礁（红色）
帆船、海星（白色）
圆球（天蓝色、蓝色）
扇贝（草绿色）
海螺（蓝色）
热带鱼（黄色）
线少许

制作顺序

1. 将纸样以刀子沿轮廓线割下，外形可用剪刀剪裁。
2. 将珊瑚礁、圆球用白胶接合。
3. 依照右边图示，依序将热带鱼、海螺、扇贝、海星、帆船等用线及白胶固定。
4. 待白胶干了之后，在珊瑚礁上方粘贴适当长度的线即可悬挂。

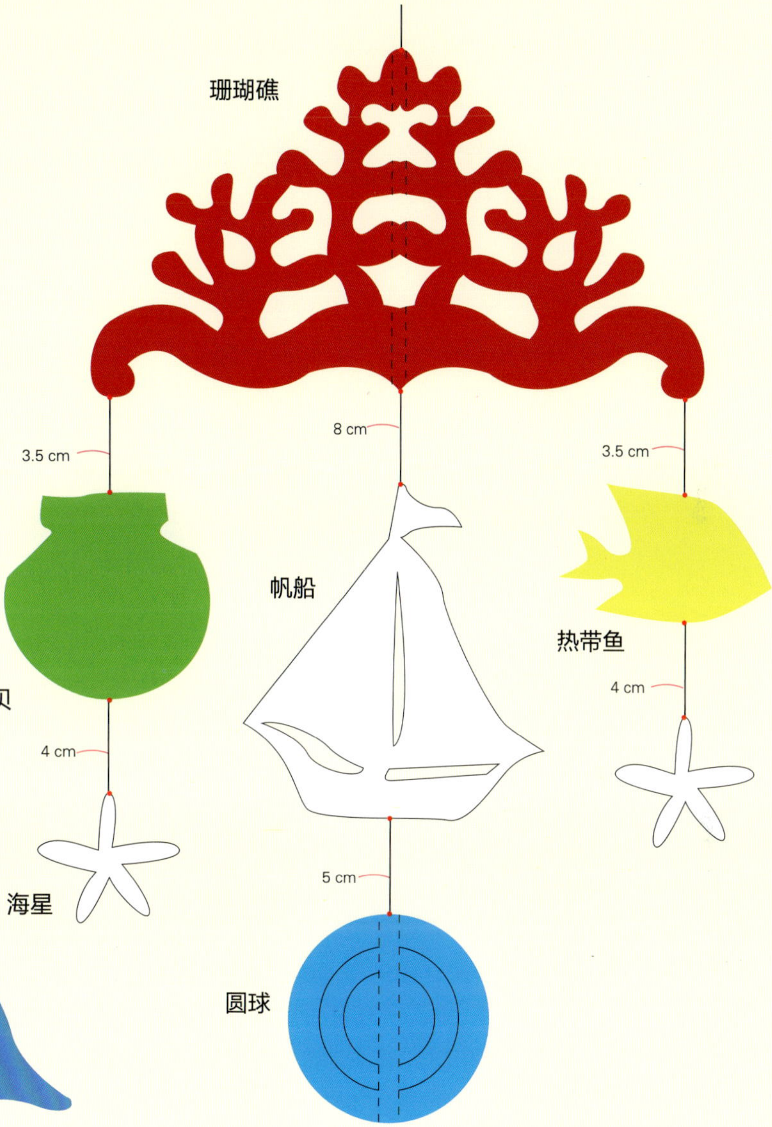

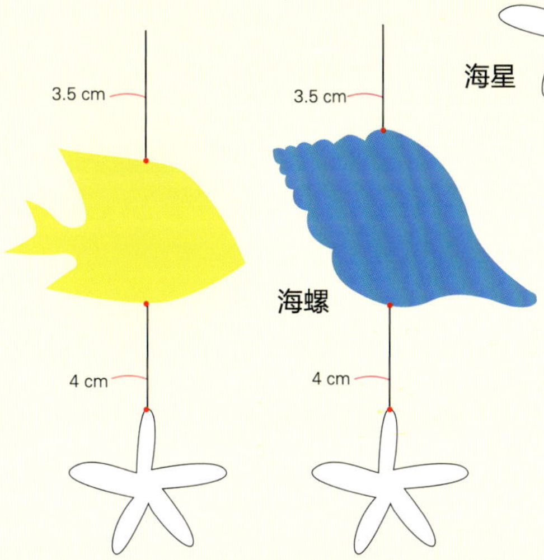

另外一面热带鱼与海螺的粘贴方式。

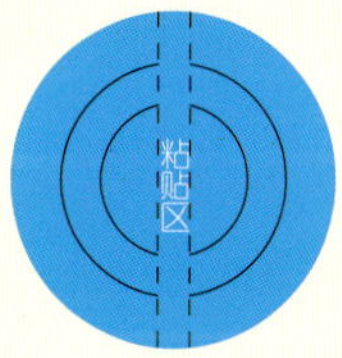

珊瑚礁及彩球制作

将珊瑚礁及彩球的左右两部分折成 90°，将两片纸的粘贴区以白胶固定，将线由上方的孔中穿过，并加以固定。

20 鲸鱼

帆船扬帆离开了灯塔，鲸鱼好奇地浮出海面，海面上白云片片、海鸥飞翔，一派悠闲的夏日海岸风光。

制作方法

纸样在 107～108 页

主要材料

白云、海鸥（白色）
帆船（深蓝色、红色、蓝绿色）
海浪、水花（天蓝色）
大、中、小鲸鱼（蓝绿色）
灯塔（深蓝色、红色、白色）
木棍
线少许

制作顺序

1. 将纸样以刀子沿轮廓线割下，外形可用剪刀剪裁。
2. 将帆船上的三角旗用白胶固定在线上，两端贴在船的船头及桅杆上。
3. 将帆船依图示组合，船上的红旗夹着线固定再贴到帆船上。
4. 将灯塔依图示组合，灯塔上的海鸥固定在线上再连接到灯塔上。
5. 将鲸鱼的鱼鳍贴在两边。
6. 依图示将吊饰以白胶贴在线上。
7. 依图示将吊饰固定在木棍上。

旗子固定方式
将旗子的侧面涂上白胶，将两面黏合即可，船上方的红旗做法一样。

水花固定方式
将水花的内侧涂上白胶，贴在线上。

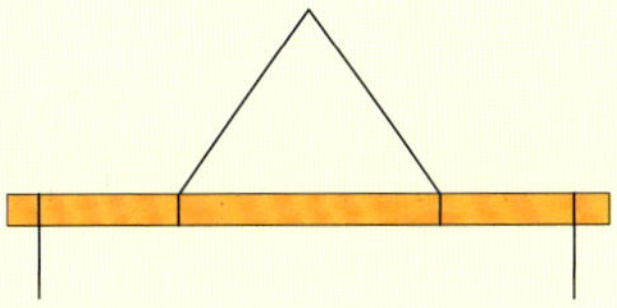

木棍固定方式
若吊饰不易平衡，可以用两条线固定，较为稳固。

21 风车

荷兰最著名的风车，伴着郁金香花海，白云朵朵飘过，好一幅平静优美的风景图。

制作方法

纸样在 109 ~ 112 页

主要材料

外框（粉红色）
白云（白色）
风车（白色、蓝色、红色、咖啡色）
树林、绿地（绿色、草绿色）
郁金香（橘色、黄色、草绿色）
线少许

制作顺序

1. 将纸样以刀子沿轮廓线割下，外形可用剪刀剪裁。
2. 将风车依照图示用白胶组合起来，再贴在绿地上。
3. 把组合起来的风车和绿地贴在外框上，风车、绿地接触外框的地方，都用白胶贴牢。
4. 将树林加上去，用白胶贴牢。
5. 将组合郁金香用白胶和线固定在外框上，注意间隔距离。
6. 待白胶干了之后，在外框上方粘贴适当长度的线即可悬挂。

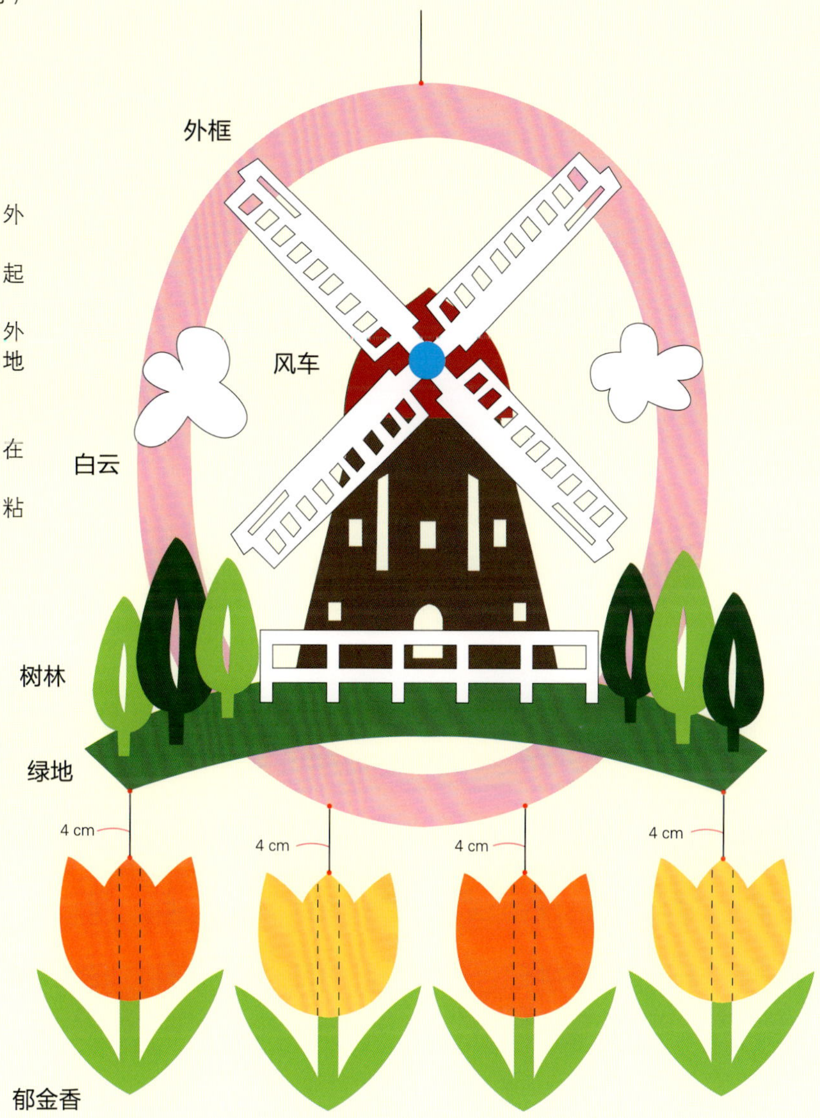

郁金香制作
将郁金香的左右两部分折成 90°，将两片纸的粘贴区以白胶固定，将线及郁金香的叶子也一起贴在粘贴区中。

图书在版编目(CIP)数据

超简单 北欧剪纸旋转吊饰/曹健男著. —郑州：河南科学技术出版社，2012.8
ISBN 978-7-5349-5830-4

Ⅰ. ①超… Ⅱ. ①曹… Ⅲ. ①手工艺品-制作 Ⅳ. ①TS973.5

中国版本图书馆CIP数据核字（2012）第128268号

出版发行：河南科学技术出版社
地址：郑州市经五路66号　邮编：450002
电话：（0371）65737028　65788613
网址：www.hnstp.cn
策划编辑：李　洁
责任编辑：杨　莉
责任校对：李　洁
责任印制：张艳芳
印　　刷：北京盛通印刷股份有限公司
经　　销：全国新华书店
幅面尺寸：210 mm×265 mm　印张：7　字数：80千字
版　　次：2012年8月第1版　2012年8月第1次印刷
定　　价：29.80元

制作方法在7页

制作方法在 7 页

制作方法在 9 页

制作方法在 9 页

制作方法在 11 页

制作方法在 11 页

制作方法在 13 页

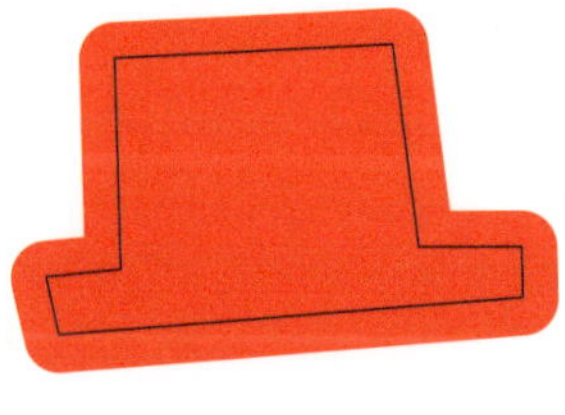

制作方法在 13 页

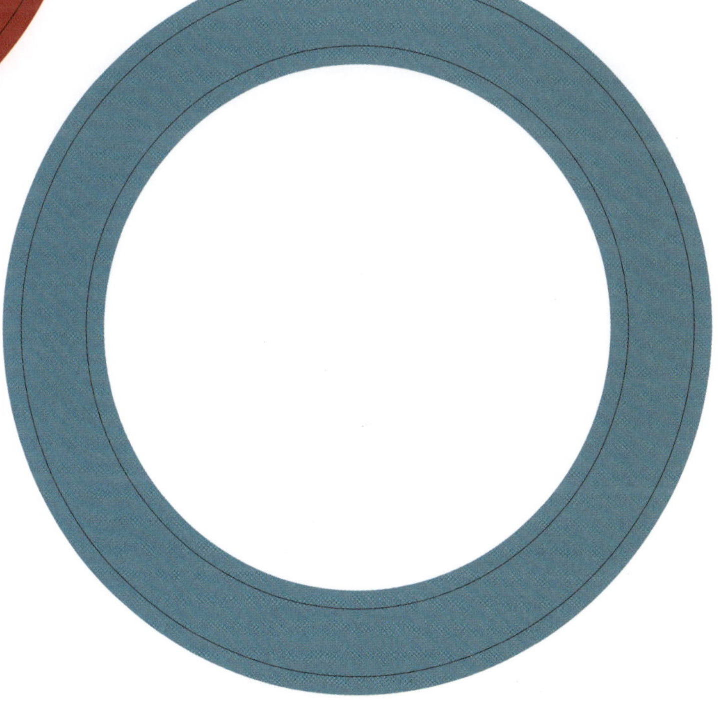

制作方法在 15 页

制作方法在 17 页

制作方法在 19 页

制作方法在 19 页

制作方法在 21 页

制作方法在 21 页

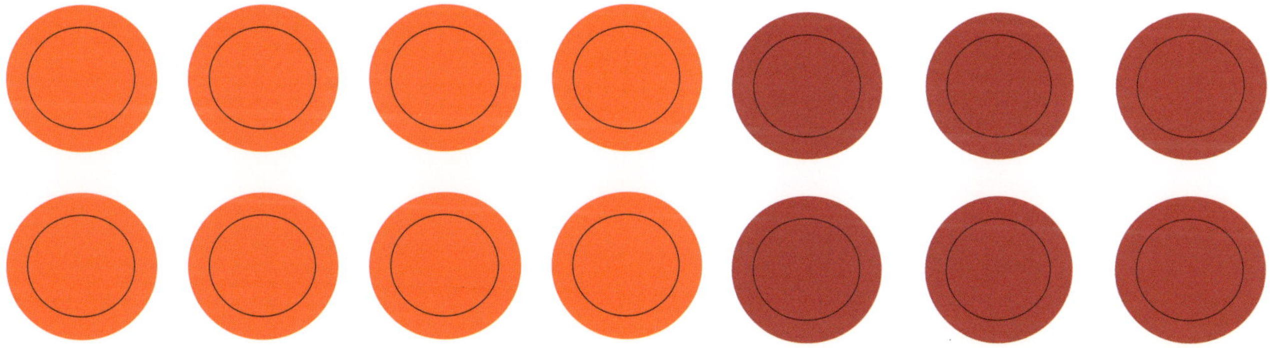

制作方法在 23 页

制作方法在 25 页

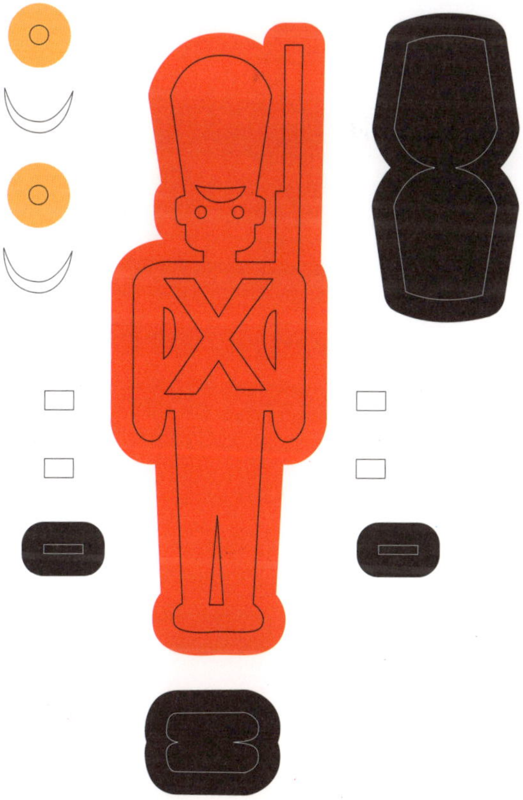

制作方法在 25 页

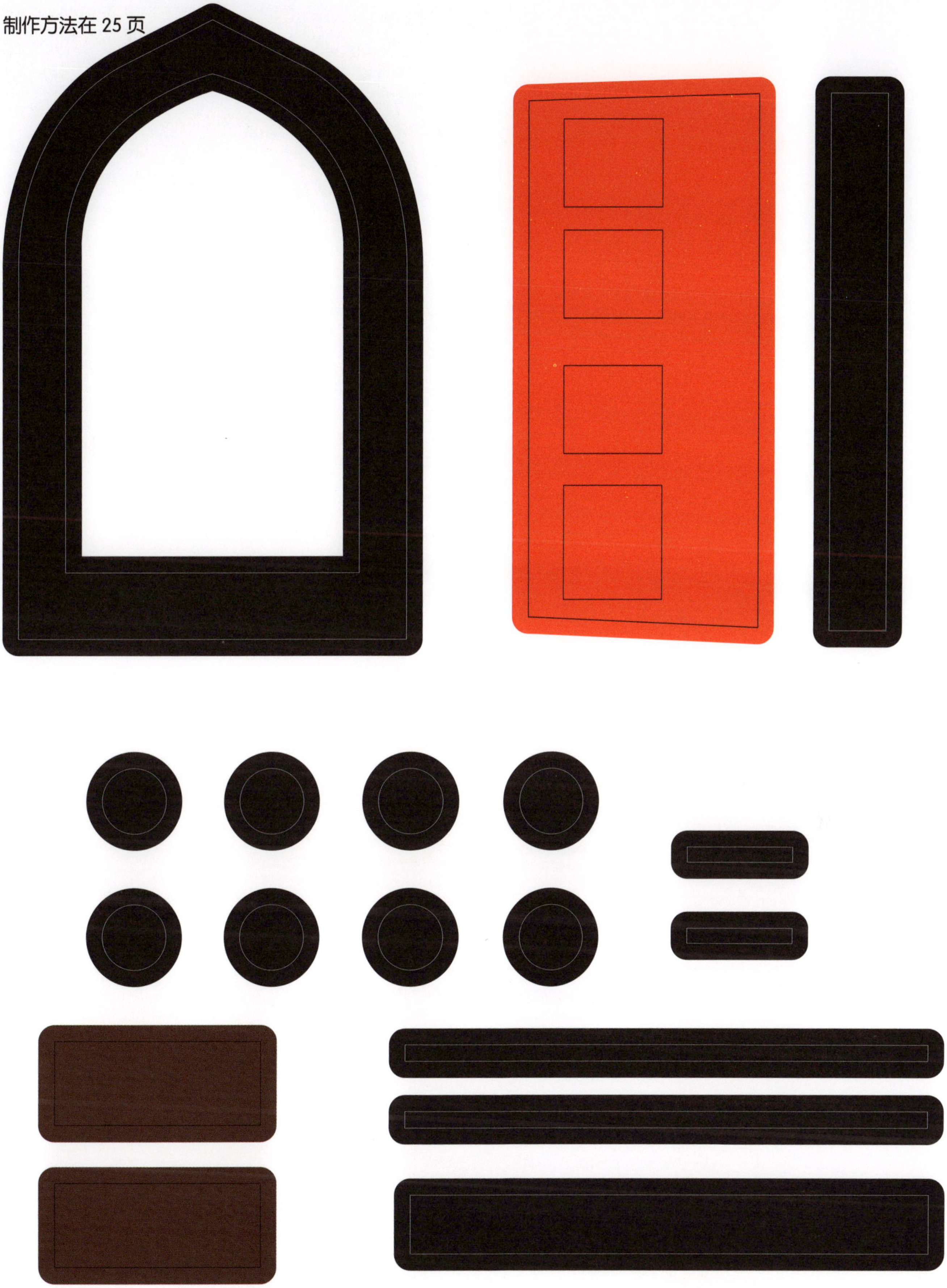

制作方法在 27 页

制作方法在 29 页

制作方法在 31 页

制作方法在 29 页

制作方法在 31 页

制作方法在 33 页

制作方法在 33 页

制作方法在 33 页

制作方法在 35 页

制作方法在 37 页

制作方法在 39 页

制作方法在 41 页

制作方法在 43 页

制作方法在 43 页

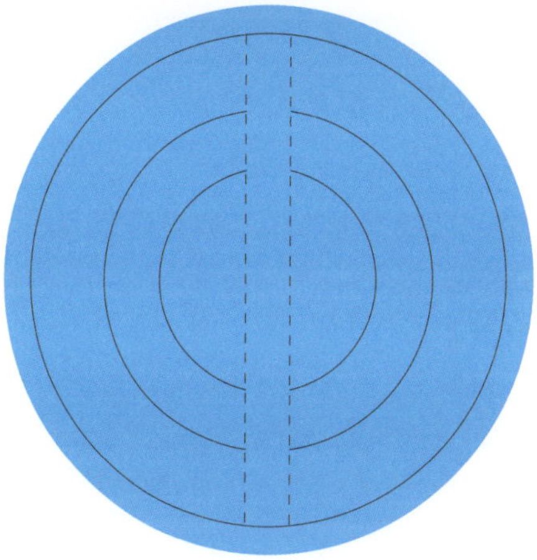

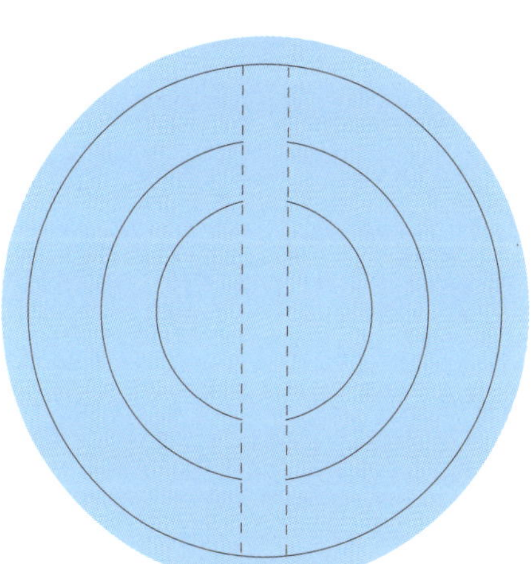

制作方法在 45 页

制作方法在 47 页

制作方法在 47 页